Welcome

Thank you for choosing Page A Day Math, a great way to introduce essential math skills and math handwriting. Page A Day Math books help your child develop a solid math foundation through daily step-by-step practice, repetition, and of course, the friendly Math Squad!

How to Use This Book

1. Student completes a page a day, front and back.
2. Student traces and then solves each problem.
3. Parent checks answers and circles the incorrect problems.
4. Student corrects errors.
5. Student colors in achievement stars each day when finished.

Have Fun

ISBN – 978-1-947286-44-3

This book belongs to _____

Dear Superhero Math Student,

You can be a Math Squad Superhero like Flo, Jo, Bo, Zo, and me! Practice every day and you'll be a math star too!

YOUR FRIEND,
MO

P.S. Don't forget to download your free bonus items using code "SUBTRACTIONBONUS" at www.pageadaymath.com/collections/bonus!

PAGE A DAY MATH

Learn ➡ 5 − 5 = 0

Trace ➡ 5 − 5 = 0

Review ➡ 16 − 4 = 12

Trace ➡ 16 − 4 = 12

Trace and solve. You can do it. Woof-woof!

1) 5 − 5 =

2) 14 − 4 =

3) 15 − 4 =

4) 5 − 5 =

5) 16 − 4 =

6) 15 − 4 =

7) 13 − 4 =

8) 5 − 5 =

9) 16 − 4 =

10) 15 − 4 =

11) 5 − 5 =

12) 16 − 4 =

13) 14 − 4 =

14) 5 − 5 =

15) 12 − 4 =

16) 16 − 4 =

Terrific! Way to go! Now finished these.

17) 16 − 4 =

18) 7 − 4 =

19) 12 − 4 =

20) 15 − 3 =

21) 5 − 5 =

22) 10 − 3 =

23) 10 − 4 =

24) 12 − 4 =

25) 14 − 4 =

26) 11 − 3 =

27) 9 − 4 =

28) 4 − 4 =

29) 10 − 4 =

30) 13 − 3 =

31) 15 − 4 =

32) 6 − 4 =

33) 11 − 4 =

34) 12 − 3 =

35) 5 − 5 =

36) 8 − 4 =

37) 5 − 4 =

38) 13 − 4 =

39) 14 − 3 =

40) 9 − 4 =

Color in the stars each day when you finish!

Learn ⇨ 6 − 5 = 1

Trace ⇨ 6 − 5 = 1

Review ⇨ 5 − 5 = 0

Trace ⇨ 5 − 5 = 0

Trace and solve. You are doing so well! Hurray!

1) 6 − 5 =

2) 15 − 4 =

3) 16 − 4 =

4) 6 − 5 =

5) 5 − 5 =

6) 16 − 4 =

7) 14 − 4 =

8) 6 − 5 =

9) 5 − 5 =

10) 16 − 4 =

11) 6 − 5 =

12) 5 − 5 =

13) 15 − 4 =

14) 6 − 5 =

15) 13 − 4 =

16) 5 − 5 =

Great effort. Now trace and solve these. Woof-woof!

17) 9 — 4 =

18) 12 — 4 =

19) 4 — 4 =

20) 6 — 5 =

21) 12 — 3 =

22) 14 — 4 =

23) 9 — 3 =

24) 6 — 4 =

25) 16 — 4 =

26) 14 — 3 =

27) 11 — 4 =

28) 12 — 2 =

29) 10 — 3 =

30) 15 — 4 =

31) 7 — 4 =

32) 15 — 3 =

33) 10 — 4 =

34) 8 — 3 =

35) 5 — 5 =

36) 13 — 3 =

37) 13 — 4 =

38) 11 — 3 =

39) 8 — 4 =

40) 5 — 4 =

Color in the stars each day when you finish!

I ♥ SUBTRACTION

PAGE A DAY MATH

Learn ⇨ $7 - 5 = 2$

Trace ⇨ $7 - 5 = 2$

Review ⇨ $6 - 5 = 1$

Trace ⇨ $6 - 5 = 1$

Trace and solve. You are on your way! Ruff-ruff!

1) $8 - 5 =$

2) $16 - 4 =$

3) $5 - 5 =$

4) $7 - 5 =$

5) $6 - 5 =$

6) $5 - 5 =$

7) $15 - 4 =$

8) $7 - 5 =$

9) $6 - 5 =$

10) $5 - 5 =$

11) $7 - 5 =$

12) $6 - 5 =$

13) $16 - 4 =$

14) $7 - 5 =$

15) $14 - 4 =$

16) $6 - 5 =$

Hurray! You are learning subtraction! Now try these!

17) 4 − 4 =

18) 7 − 5 =

19) 12 − 3 =

20) 15 − 4 =

21) 10 − 3 =

22) 12 − 4 =

23) 15 − 3 =

24) 5 − 5 =

25) 8 − 4 =

26) 11 − 4 =

27) 7 − 4 =

28) 5 − 4 =

29) 16 − 4 =

30) 14 − 3 =

31) 13 − 4 =

32) 6 − 4 =

33) 9 − 4 =

34) 6 − 5 =

35) 11 − 3 =

36) 14 − 4 =

37) 5 − 4 =

38) 13 − 3 =

39) 6 − 4 =

40) 10 − 4 =

Color in the stars each day when you finish!

Learn ➡ 8 − 5 = 3

Trace ➡ 8 − 5 = 3

Review ➡ 7 − 5 = 2

Trace ➡ 7 − 5 = 2

Trace and solve. You are a math star! Yay!

1) 8 − 5 =

2) 5 − 5 =

3) 6 − 5 =

4) 8 − 5 =

5) 7 − 5 =

6) 6 − 5 =

7) 16 − 4 =

8) 8 − 5 =

9) 7 − 5 =

10) 6 − 5 =

11) 8 − 5 =

12) 7 − 5 =

13) 5 − 5 =

14) 8 − 5 =

15) 15 − 4 =

16) 7 − 5 =

You are so motivated! Now trace and solve these. Super!

17) 11 - 4 =

18) 8 - 5 =

19) 9 - 4 =

20) 16 - 4 =

21) 5 - 4 =

22) 6 - 5 =

23) 14 - 3 =

24) 15 - 4 =

25) 13 - 3 =

26) 11 - 3 =

27) 13 - 4 =

28) 7 - 4 =

29) 16 - 4 =

30) 15 - 3 =

31) 14 - 4 =

32) 4 - 4 =

33) 5 - 5 =

34) 6 - 4 =

35) 12 - 4 =

36) 8 - 4 =

37) 7 - 5 =

38) 12 - 3 =

39) 10 - 4 =

40) 10 - 3 =

Color in the stars each day when you finish!

PAGE A DAY
MATH

Learn ⇨ 9 − 5 = 4

Trace ⇨ 9 − 5 = 4

Review ⇨ 8 − 5 = 3

Trace ⇨ 8 − 5 = 3

Trace and solve. You are learning fast! Ruff-ruff!

1) 9 − 5 =

2) 6 − 5 =

3) 7 − 5 =

4) 9 − 5 =

5) 5 − 5 =

6) 7 − 5 =

7) 9 − 5 =

8) 8 − 5 =

9) 8 − 5 =

10) 7 − 5 =

11) 9 − 5 =

12) 8 − 5 =

13) 6 − 5 =

14) 9 − 5 =

15) 16 − 4 =

16) 8 − 5 =

PAGE A DAY MATH

Wonderful! You are so determined! Now try these.

17) 14 − 4 =

18) 6 − 5 =

19) 8 − 4 =

20) 9 − 5 =

21) 15 − 3 =

22) 10 − 3 =

23) 12 − 4 =

24) 5 − 4 =

25) 13 − 3 =

26) 16 − 4 =

27) 7 − 4 =

28) 10 − 4 =

29) 11 − 4 =

30) 12 − 3 =

31) 7 − 5 =

32) 15 − 4 =

33) 4 − 4 =

34) 13 − 4 =

35) 9 − 4 =

36) 6 − 4 =

37) 8 − 5 =

38) 14 − 3 =

39) 5 − 5 =

40) 11 − 3 =

www.PageADayMath.com

Day 6

Learn ⇨ $10 - 5 = 5$

Trace ⇨ $10 - 5 = 5$

Review ⇨ $9 - 5 = 4$

Trace ⇨ $9 - 5 = 4$

Trace and solve. Keep up the great effort!

1) $10 - 5 =$

2) $7 - 5 =$

3) $8 - 5 =$

4) $10 - 5 =$

5) $6 - 5 =$

6) $8 - 5 =$

7) $9 - 5 =$

8) $6 - 5 =$

9) $9 - 5 =$

10) $8 - 5 =$

11) $10 - 5 =$

12) $9 - 5 =$

13) $7 - 5 =$

14) $10 - 5 =$

15) $5 - 5 =$

16) $9 - 5 =$

Math Power! You've got it! Woof-woof!

17) 7 − 4 =

18) 10 − 5 =

19) 9 − 4 =

20) 15 − 4 =

21) 5 − 4 =

22) 8 − 5 =

23) 15 − 3 =

24) 5 − 5 =

25) 11 − 4 =

26) 13 − 3 =

27) 8 − 4 =

28) 13 − 4 =

29) 16 − 4 =

30) 4 − 4 =

31) 7 − 5 =

32) 12 − 4 =

33) 10 − 4 =

34) 12 − 3 =

35) 9 − 5 =

36) 6 − 4 =

37) 14 − 4 =

38) 11 − 3 =

39) 6 − 5 =

40) 14 − 3 =

PAGE A DAY
MATH

Learn ➡ 11 − 5 = 6

Trace ➡ 11 − 5 = 6

Review ➡ 10 − 5 = 5

Trace ➡ 10 − 5 = 5

Trace and solve. Practice makes perfect!

1) 11 − 5 =

2) 8 − 5 =

3) 9 − 5 =

4) 10 − 5 =

5) 10 − 5 =

6) 9 − 5 =

7) 7 − 5 =

8) 11 − 5 =

9) 10 − 5 =

10) 9 − 5 =

11) 11 − 5 =

12) 10 − 5 =

13) 8 − 5 =

14) 11 − 5 =

15) 6 − 5 =

16) 10 − 5 =

Now try these. You have come so far! Ruff-ruff!

17) 15 − 4 =

18) 11 − 5 =

19) 9 − 4 =

20) 5 − 5 =

21) 7 − 4 =

22) 13 − 4 =

23) 5 − 4 =

24) 9 − 5 =

25) 11 − 4 =

26) 15 − 3 =

27) 7 − 5 =

28) 4 − 4 =

29) 14 − 3 =

30) 8 − 5 =

31) 8 − 4 =

32) 14 − 4 =

33) 13 − 3 =

34) 10 − 5 =

35) 12 − 4 =

36) 6 − 5 =

37) 6 − 4 =

38) 16 − 4 =

39) 12 − 3 =

40) 10 − 4 =

PAGE A DAY
MATH

Learn ⇨ $12 - 5 = 7$

Trace ⇨ $12 - 5 = 7$

Review ⇨ $11 - 5 = 6$

Trace ⇨ $11 - 5 = 6$

Trace and solve. You are improving each day!

1) $12 - 5 =$

2) $9 - 5 =$

3) $10 - 5 =$

4) $12 - 5 =$

5) $8 - 5 =$

6) $10 - 5 =$

7) $11 - 5 =$

8) $12 - 5 =$

9) $11 - 5 =$

10) $10 - 5 =$

11) $12 - 5 =$

12) $11 - 5 =$

13) $9 - 5 =$

14) $12 - 5 =$

15) $7 - 5 =$

16) $11 - 5 =$

PAGE A DAY MATH

Great effort! You are on your way to success!

17) 11 – 4 =

18) 12 – 5 =

19) 13 – 4 =

20) 9 – 4 =

21) 5 – 5 =

22) 4 – 4 =

23) 10 – 5 =

24) 15 – 3 =

25) 7 – 5 =

26) 6 – 4 =

27) 14 – 4 =

28) 7 – 4 =

29) 16 – 4 =

30) 8 – 5 =

31) 5 – 4 =

32) 8 – 4 =

33) 11 – 5 =

34) 14 – 3 =

35) 15 – 4 =

36) 12 – 3 =

37) 9 – 5 =

38) 12 – 4 =

39) 10 – 4 =

40) 6 – 5 =

Learn ⇨ $13 - 5 = 8$

Trace ⇨ $13 - 5 = 8$

Review ⇨ $12 - 5 = 7$

Trace ⇨ $12 - 5 = 7$

Trace and solve. Good for you! Terrific!

1) $13 - 5 = $

2) $10 - 5 = $

3) $11 - 5 = $

4) $13 - 5 = $

5) $9 - 5 = $

6) $11 - 5 = $

7) $13 - 5 = $

8) $12 - 5 = $

9) $12 - 5 = $

10) $11 - 5 = $

11) $13 - 5 = $

12) $12 - 5 = $

13) $10 - 5 = $

14) $13 - 5 = $

15) $8 - 5 = $

16) $12 - 5 = $

Wow! You are learning so quickly! Woof-woof!

17) 16 − 4 = [ ]

18) 8 − 5 = [ ]

19) 7 − 4 = [ ]

20) 14 − 4 = [ ]

21) 4 − 4 = [ ]

22) 13 − 5 = [ ]

23) 11 − 4 = [ ]

24) 6 − 4 = [ ]

25) 14 − 3 = [ ]

26) 10 − 5 = [ ]

27) 9 − 4 = [ ]

28) 5 − 5 = [ ]

29) 9 − 5 = [ ]

30) 8 − 4 = [ ]

31) 12 − 5 = [ ]

32) 10 − 4 = [ ]

33) 15 − 4 = [ ]

34) 7 − 5 = [ ]

35) 12 − 4 = [ ]

36) 11 − 5 = [ ]

37) 5 − 4 = [ ]

38) 6 − 5 = [ ]

39) 15 − 3 = [ ]

40) 13 − 4 = [ ]

PAGE A DAY
MATH

Learn ⇨ 14 − 5 = 9

Trace ⇨ 14 − 5 = 9

Review ⇨ 13 − 5 = 8

Trace ⇨ 13 − 5 = 8

Trace and solve. You're awesome! Yay!

1) 14 − 5 =

2) 11 − 5 =

3) 12 − 5 =

4) 14 − 5 =

5) 13 − 5 =

6) 12 − 5 =

7) 10 − 5 =

8) 14 − 5 =

9) 13 − 5 =

10) 12 − 5 =

11) 14 − 5 =

12) 13 − 5 =

13) 11 − 5 =

14) 14 − 5 =

15) 9 − 5 =

16) 13 − 5 =

Hurray! You are doing so well. You've got it!

17) 12 − 4 =

18) 10 − 5 =

19) 16 − 4 =

20) 10 − 4 =

21) 14 − 5 =

22) 15 − 3 =

23) 7 − 5 =

24) 8 − 4 =

25) 12 − 5 =

26) 6 − 4 =

27) 8 − 5 =

28) 13 − 4 =

29) 4 − 4 =

30) 13 − 5 =

31) 11 − 4 =

32) 15 − 4 =

33) 5 − 4 =

34) 9 − 5 =

35) 9 − 4 =

36) 6 − 5 =

37) 7 − 4 =

38) 11 − 5 =

39) 14 − 4 =

40) 5 − 5 =

www.PageADayMath.com

Learn ⟹ $15 - 5 = 10$

Trace ⟹ $15 - 5 = 10$

Review ⟹ $14 - 5 = 11$

Trace ⟹ $14 - 5 = 11$

Trace and solve. You've come a long way!

1) $15 - 5 =$

2) $12 - 5 =$

3) $13 - 5 =$

4) $15 - 5 =$

5) $11 - 5 =$

6) $13 - 5 =$

7) $15 - 5 =$

8) $14 - 5 =$

9) $14 - 5 =$

10) $13 - 5 =$

11) $15 - 5 =$

12) $14 - 5 =$

13) $12 - 5 =$

14) $15 - 5 =$

15) $10 - 5 =$

16) $14 - 5 =$

PAGE A DAY
MATH

Great work! Practice what you have learned so far. Hurray!

17) 16 − 4 =

18) 15 − 5 =

19) 11 − 4 =

20) 9 − 5 =

21) 14 − 4 =

22) 7 − 4 =

23) 13 − 5 =

24) 9 − 4 =

25) 7 − 5 =

26) 6 − 4 =

27) 11 − 5 =

28) 4 − 4 =

29) 12 − 4 =

30) 10 − 5 =

31) 5 − 5 =

32) 15 − 4 =

33) 14 − 5 =

34) 10 − 4 =

35) 8 − 5 =

36) 5 − 4 =

37) 8 − 4 =

38) 12 − 5 =

39) 13 − 4 =

40) 6 − 5 =

PAGE A DAY MATH

Learn ⇨ 16 − 5 = 11

Trace ⇨ 16 − 5 = 11

Review ⇨ 15 − 5 = 10

Trace ⇨ 15 − 5 = 10

Trace and solve. Way to go! Keep it up!

1) 16 − 5 =

2) 13 − 5 =

3) 14 − 5 =

4) 16 − 5 =

5) 12 − 5 =

6) 14 − 5 =

7) 16 − 5 =

8) 15 − 5 =

9) 15 − 5 =

10) 14 − 5 =

11) 16 − 5 =

12) 15 − 5 =

13) 13 − 5 =

14) 16 − 5 =

15) 11 − 5 =

16) 15 − 5 =

The Math Squad admires your determination. Good for you!

17) 8 − 5 =

18) 13 − 4 =

19) 16 − 5 =

20) 7 − 4 =

21) 10 − 5 =

22) 11 − 4 =

23) 5 − 5 =

24) 14 − 5 =

25) 9 − 4 =

26) 6 − 5 =

27) 14 − 4 =

28) 11 − 5 =

29) 16 − 4 =

30) 9 − 5 =

31) 12 − 4 =

32) 15 − 5 =

33) 10 − 4 =

34) 6 − 4 =

35) 13 − 5 =

36) 15 − 4 =

37) 7 − 5 =

38) 8 − 4 =

39) 12 − 5 =

40) 5 − 4 =

Learn ⇨ 17 − 5 = 12

Trace ⇨ 17 − 5 = 12

Review ⇨ 16 − 5 = 11

Trace ⇨ 16 − 5 = 11

Trace and solve. You are a math star! Wow!

1) 17 − 5 =

2) 14 − 5 =

3) 15 − 5 =

4) 17 − 5 =

5) 13 − 5 =

6) 15 − 5 =

7) 17 − 5 =

8) 16 − 5 =

9) 16 − 5 =

10) 15 − 5 =

11) 17 − 5 =

12) 16 − 5 =

13) 14 − 5 =

14) 17 − 5 =

15) 12 − 5 =

16) 16 − 5 =

You have it. You are great at math! Way to go!

17) 6 − 5 =

18) 17 − 5 =

19) 10 − 4 =

20) 16 − 4 =

21) 6 − 4 =

22) 8 − 5 =

23) 11 − 4 =

24) 15 − 5 =

25) 8 − 4 =

26) 11 − 5 =

27) 13 − 4 =

28) 9 − 5 =

29) 13 − 5 =

30) 5 − 5 =

31) 15 − 4 =

32) 10 − 5 =

33) 7 − 4 =

34) 14 − 5 =

35) 5 − 4 =

36) 7 − 5 =

37) 12 − 4 =

38) 12 − 5 =

39) 9 − 4 =

40) 16 − 5 =

Trace and solve. You are almost done! Hurray!

1) 14 − 3 = ☐

2) 17 − 5 = ☐

3) 11 − 3 = ☐

4) 13 − 4 = ☐

5) 12 − 2 = ☐

6) 10 − 3 = ☐

7) 11 − 4 = ☐

8) 8 − 3 = ☐

9) 16 − 5 = ☐

10) 12 − 3 = ☐

11) 11 − 2 = ☐

12) 10 − 4 = ☐

13) 13 − 2 = ☐

14) 14 − 5 = ☐

15) 9 − 3 = ☐

16) 12 − 4 = ☐

17) 15 − 5 = ☐

18) 13 − 3 = ☐

Day 14 Review

Great work. You earned a certificate! Woof-woof!

19) 6 − 4 =

20) 7 − 5 =

21) 6 − 3 =

22) 9 − 4 =

23) 15 − 3 =

24) 13 − 5 =

25) 5 − 3 =

26) 15 − 4 =

27) 14 − 2 =

28) 11 − 5 =

29) 7 − 4 =

30) 16 − 4 =

31) 7 − 3 =

32) 8 − 4 =

33) 12 − 5 =

34) 8 − 5 =

35) 12 − 3 =

36) 14 − 4 =

37) 5 − 4 =

38) 10 − 5 =

39) 4 − 3 =

40) 6 − 5 =

28

© 2020 Page A Day Math, LLC

www.PageADayMath.com

I ♥ MATH

HURRAY! YOU ARE A MATH STAR!

THE MATH SQUAD CONGRATULATES _____
FOR COMPLETING **SUBTRACTION, BOOK 5.**

www.ingramcontent.com/pod-product-compliance
Lightning Source LLC
Chambersburg PA
CBHW081750200326
41597CB00024B/4462